Lustiges Lernen

Geschichten zum ABC

A 

Am Morgen singt
die **A**msel ein Aufw**a**chlied
auf dem **A**pfelb**a**um.

B 

Nil möchte noch
ein **b**isschen im **B**ett **b**lei**b**en.
Er **b**linzelt zu Nele hinü**b**er.

C

Die sitzt mit dem
Clown auf der **C**ou**c**h
und spielt **C**ello.
Viellei**c**ht kommt Nil
dann s**c**hneller
aus den Federn.

D 

En**d**lich ist Nil aufgestan**d**en. Verschlafen, mit **d**er **D**ecke in **d**er Han**d**, lutscht er an **d**em **D**aumen.

E

„Ich hab**e** **e**in **E**i
für dich g**e**kocht“,
b**e**grüßt ihn N**ele**,
„das ißt du doch g**e**rn**e**.
Ich **esse** li**e**b**e**r Müsli
mit frisch**e**n **E**rdb**eere**n.“

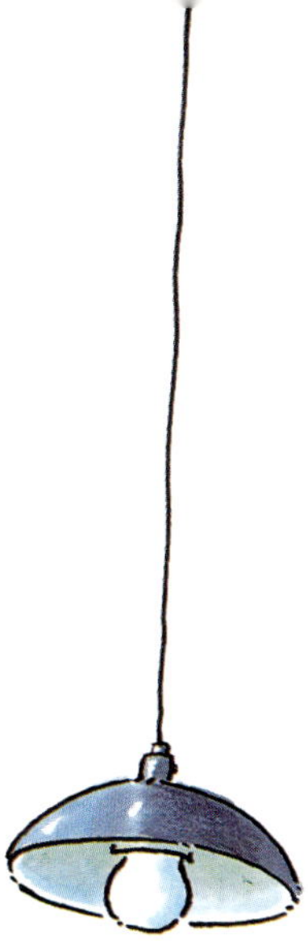

F

Nele gibt den **f**ün**f** **F**ischen
am **F**enster **f**risches **F**utter.
„Draußen regnet es **f**ürchterlich,
was **f**angen wir heute bloß an?",
fragt sie Nil.

G

„Schau, Nele, was ich **g**efunden habe!"
Nil brin**g**t einen **g**roßen **G**lobus und eine **G**itarre.
„Auf dem Dachboden lie**g**t noch mehr **G**erümpel:
ein **G**eweih, ein **G**emälde, ein **G**las mit altem **G**eld.
Geh doch mal mit."

H

„Tatü-tata,
die Feuerwe**h**r ist da!“
Hinter dem **H**erd **h**at Nele
einen **H**elm gefunden
und auc**h** eine **H**upe.

I

„Und **i**ch b**i**n e**i**n
Ind**i**aner!“, sagt N**i**l.
Auf der K**i**ste l**i**egt e**i**ne
verg**i**lbte **I**llustr**i**erte.
Auf dem T**i**telb**i**ld **i**st e**i**n
d**i**cker **I**gel abgeb**i**ldet.

J

Diese **J**acke lag **j**ahrelang im Koffer.
Der Stoff sieht aus wie ein **J**aguarfell
und die Knöpfe schimmern wie **J**ade.
„Ein toller Faschings**j**ux“, **j**ubelt Nele.

K 

Das **K**ramen auf dem Dachboden hat hungrig gemacht.
Nil holt einen **K**orb mit **K**artoffeln und **K**arotten aus dem **K**eller.
Bald duftet die **K**üche **k**östlich nach überbac**k**enem **K**äse.

L 

Nach dem **l**eckeren Essen **l**utscht Ne**l**e einen **L**o**ll**i und **l**iest die **l**ustige Geschichte vom **l**achenden **L**öwen.

M

Da stür**mt** Nil **m**it einer unhei**m**lichen **M**aske herein.
Er schnaubt durch **M**und und Nase.
Nele und **M**ax **M**aus beko**mm**en
einen **m**ächtigen Schrecken.

N

Nil hat ei**n**e**n** la**n**ge**n** **N**agel
i**n** die Wa**n**d geschlage**n**.
Natürlich mit sei**n**em **n**eue**n**
Hammer.

O

D**o**rt s**o**ll das Bild hängen
v**o**n **O**nkel **O**tt**o** mit den
gr**o**ßen **O**hren. Gerade als
Nil es aufhängen will,
k**o**mmt der P**o**stb**o**te.

P 

Er bringt ein **P**äckchen aus **P**a**p**enburg.
Oma hat für Nil ein **P**ferdchen einge**p**ackt,
für Nele eine **P**u**pp**e und für beide
die **P**ackung **P**ralinen.

Q

Puuuh –
woher kommt der **Q**ualm?
Er zieht **q**uer durchs
Zimmer und stört Nil und
Nele beim **Q**uartettspielen.
Schnell schließt Nil
das Fenster. Es **q**uietscht.

R

Im **R**adio meldet
de**r** Wette**r**be**r**icht:
„Weite**r**hin **R**egen."
„Wo ist unse**r** **R**egen-
schi**r**m?", f**r**agt Nele.
„Wozu?", sagt Nil,
„ich geh nicht **r**aus."

S 

Doch Nele fängt an
zu **s**uchen:
Stiefel, **S**ocken und
Sandalen findet **s**ie.
Ein Ki**ss**en und eine
Säge. Da**s** alle**s** i**s**t da.
Nele **s**ucht weiter.

Sch 

Schnorchel, **Sch**nur,
Schal und **Sch**nuller.
Nur den **Sch**irm im
Schrank sieht Nele
nicht.

T 

„Vielleich**t** is**t** er in der **T**ruhe“, sag**t** Nil.
Da klingel**t** das **T**elefon. Er eil**t** die **T**reppe hoch.

U 

Doch Nil kommt z**u** spät.
Der Anr**u**fer hat schon
wieder a**u**fgelegt.
Nil scha**u**t a**u**f die **U**hr.

V 

Schon **V**iertel **v**or Acht!
Der Tag ist **v**orbei.
Woher kommt der **V**ogel,
wundert sich Nil, hat er
sich ins Haus **v**erirrt?

W

Nele hat **w**armes **W**asser in die
Wanne laufen lassen.
Bevor sie schlafen gehen, **w**ollen
Nil und Nele noch baden.
Und schon beginnt eine **w**ilde
Wasserschlacht.

X

Nele hat noch ein Gutenachtlied
auf dem **X**ylophon gespielt,

Y

Max Maus hat seinen P**y**jama
angezogen und ist in sein Wohnloch
neben der **Y**uccapalme gekrochen.

Z

Nil schaut noch in die **Z**eitung.
Dann macht er das Licht aus
und deckt sich **z**u.
Jet**z**t ist es im **Z**immer gan**z** ruhig.
Alle schlafen.

Lustiges Lernen

Geschichten zu den Zahlen

1

Nil und Nele sind heute weit gewandert und jetzt sind sie müde. Unterwegs haben sie angefangen alles Mögliche zu zählen: Bäume, Vögel, Pilze. Nun wollen sie Rast machen, ganz kurz nur. Aber da sind sie schon eingeschlafen.
Im Traum fliegen sie über **1** hohen Berg.
Auf dem Berg steht **1** Baum und an dem Baum hängt **1** Apfel.

2

Nil und Nele landen auf einer Wiese.
„Willkommen im Zahlenland“, begrüßt sie Zweiermann.
Auf dem Kopf trägt er **2** Hüte. Sein Haus hat **2** Türen
aber nur **2** Fenster. Nil und Nele staunen.
„Ja“, sagt Zweiermann, „zählt nur nach.
Alles, was ich habe, habe ich zweimal.
Nur ich bin alleine. Wollt ihr **2** nicht bei mir bleiben?“
Nil und Nele schütteln den Kopf. Sie sind neugierig
auf das Zahlenland und fliegen weiter.

3

So kommen sie
ins Dreikönigsland.
„Wir sind **3** Könige“,
erklären die **3** stolz.
„Wir haben auf
3 Bergen **3** Schlösser.
Unser Land ist **3** mal
3 Meilen groß – aber
wir haben kein Volk.
Bleibt doch bei uns!
Ihr dürft auf unseren
goldenen Dreirädern
fahren.“
Aber Nil und Nele
wollen lieber weiter.

4 Pferde ziehen eine Kutsche mit **4** Rädern.
Sie bringt Nil und Nele nach Vierstadt.
„Ich bin schon **4** mal **4** mal **4** Jahre alt, aber ich habe noch nie so jemanden wie euch gesehen", staunt der Bürgermeister und die **4** Ratsherren nicken viermal.
Als Nil und Nele nach dem Weg fragen, gibt der Bürgermeister ihnen den Rat: „Sucht das Haus mit den **4** Fenstern.
Dort zeigt man euch, wie ihr weiter kommt."

Neugierig betreten sie das Haus. Auf einem fünfeckigen Tisch brennen **5** Kerzen. **5** Katzendamen freuen sich: „Oh, wie schön, wir bekommen Besuch zum Fünf-Uhr-Tee."
„Wir können aber nicht lange bleiben", sagen Nil und Nele.
„Nun", sagt die graue Katze, „dann schließt die Augen, dreht euch und zählt dabei bis **5**.
Geht durch die Tür, auf die eure Nase zeigt."
1, 2, 3, 4, **5** – schon sind Nil und Nele verschwunden.

6

Plötzlich stehen sie auf
einem Hügel mitten im Wald.
„Hallo“, sagt Sechsender,
„ich bin der Herr der **6** Wälder
und habe schon **6** Stunden
auf euch gewartet. Wollt ihr
‚**6** Gewinnt‘ mit mir spielen?“
Nil und Nele spielen **6** Runden mit
und immer gewinnt Sechsender.
Er hat einen sechsten Sinn
für das Sechsenwürfeln.
Aber jetzt müssen
Nil und Nele weiter.

Sie wandern durch **7** Täler und über **7** Berge.
Vor einem kleinen Haus treffen sie die **7** Zwerge.
Das gibt gleich ein großes Hallo, denn die Zwerge freuen sich über jeden Besuch.
„Vor **7** Wochen hat uns Schneewittchen verlassen. Wollt ihr nicht bei uns bleiben?", sagt der Zwerg mit dem längsten Bart. „Es ist schön bei euch", sagt Nele, „doch wir müssen bald weiter."
Da begleiten die **7** Zwerge Nil und Nele noch bis an den Rand eines dunklen Waldes.

8

„Gebt Acht!", sagen die Zwerge beim Abschied.
„In dem Wald lauern **8** riesige Spinnen.
Sie haben **8** Augen und **8** Beine und locken ihre Opfer in achteckige Netze."
Nil und Nele sind noch nicht weit gegangen, da hören sie eine gräßliche Stimme: „Was sehen meine **8** Augen? Ihr hübschen Geschöpfe, kommt mal her. Ihr dürft in meinem Netzchen schaukeln. Seit **8** Tagen ist es schon leer."
„Wir müssen weiter!", rufen Nil und Nele und laufen schnell weg. Nur raus aus dem dunklen Wald.

9

Hinter dem Wald liegt eine Burg. Aus ihr dringt lautes, neunfaches Jammern und Stöhnen: „Warum hilft uns keiner? Hört uns denn niemand?“ Vorsichtig öffnet Nil das schwere Tor.

9 Kegelfrauen und Kegelmänner liegen in der Halle. „Endlich! **9** mal **9** Jahre liegen wir schon hilflos am Boden.“

Nil und Nele stellen die Neun wieder auf. „**9** mal Dank!“, rufen die. „Sind wir froh, dass ihr gekommen seid.“ „Könnt ihr nicht bei uns bleiben“, bittet der König. Aber Nil und Nele verabschieden sich.

10

Kaum haben sie die Kegelmenschen verlassen, da taucht eine finstere Gestalt vor ihnen auf: „**10** mal Hoho!", ruft sie. „Ich bin Numero **10** – Zauberer der Zehnerzahlen."
Und schon greift der Zauberer nach Max, steckt ihn in seinen Hut, hält seine **10** magischen Finger darüber und murmelt: „HOKUS – POKUS, 1-2-3, **10** Mäuschen kommt herbei!"
Da schweben **10** Gespenstermäuschen aus dem Hut. Verschreckt schnappen sich Nil und Nele ihren Max Maus und rennen davon. Ein dumpfer Donner rollt über ihre Köpfe hinweg.

„Was war das?“ ruft Nil und reibt sich die Augen.
„Nur ein Flugzeug“, sagt Nele. „Ich glaube, wir waren eingeschlafen. Hast du auch vom Zahlenland geträumt?“
„Ja“, sagt Nil. „Schau, die Berge sehen aus wie die im Dreikönigsland, nur die Schlösser fehlen.“
Jetzt fangen die zwei an, noch andere Sachen zu suchen und zählen dabei Häuser, Bäume, Tiere, Blumen und entdecken immer mehr.
Dabei vergessen sie fast das Nachhausegehen.

1
2
3

Lustiges Lernen

Geschichten zu den Gegensätzen

links und rechts

Links seht ihr Max Maus,
rechts Nele und Nil;
sie haben Geburtstag
am ersten April.

oben und unten

Ein Purzelbaum unten,
ein Handstand hoch oben –
den beiden macht's Spaß
durch das Zimmer zu toben.

15
Briefe
Pit Pirol
P. Bär
G. Wieneirz
F. Rüssel
Herbert Maus
Amalie Amsel

groß und klein

Ein Nilpferd ist groß,
doch ein Mäuslein ist klein.
„Helft mir beim Klingeln,
sonst komm ich nicht rein.“

rauf und runter

Zuerst geht es mühsam
den steilen Berg rauf.
Aber runter geht's schneller,
Nele freut sich schon drauf.

CAMPI
CAMPI
CAMPI
CAMPI

voll und leer

Im Urlaub fahr'n gern
Nil und Nele ans Meer.
Ihr Becher ist voll,
doch seiner schon leer.

laut und leise

Die Trompete tönt laut,
die Flöte klingt leise.
Nil und Nele, sie spielen
und tanzen im Kreise.

weich und hart

Die Kissen sind weich,
doch die Straße sehr hart.
Ein Sturz wär nicht schlimm,
selbst bei rasender Fahrt.

trocken und naß

Ist die Straße auch nass,
unterm Schirm bleibt man trocken.
Das macht doch mehr Spaß
als im Zimmer zu hocken!

leicht und schwer

Max Maus ist ganz leicht,
Nil und Nele sind schwer.
„So macht's keinen Spaß,
gleich ruf ich den Bär!"

KATE

müde und munter

Nil ist schon sehr müde,
Nele turnt noch ganz munter
die Leiter hinauf.
Dann hängt sie kopfunter.

hell und dunkel

Draußen ist's dunkel,
doch drinnen ganz hell.
Der Nil und die Nele
hör'n Hundegebell.

Lustiges Lernen

Geschichten zu den Farben

Grau

„Heute ist alles so grau", sagt Nele.
„Komm, wir besuchen Carlo."
Carlo Colori ist Maler, das sieht
man schon an seinem Anzug.
„Schön euch zu sehen",
freut er sich. „Kommt herein."

25
COLORI

Weiß

Im Atelier lehnen
viele Bilder an
den Wänden.
Auf der Staffelei steht
eine Leinwand.
„Die ist ja noch weiß“,
sagt Nil, „malst du
heute nicht?“
Und Nele fragt:
„Zeigst du uns deine
fertigen Bilder?“

Gelb

Carlo Colori malt gerne
große Bilder.
„Hier habe ich mit
der Farbe Gelb gespielt
und lauter Sachen gemalt,
die gelb sind", sagt er.
Nele schaut ganz genau:
„Du flunkerst. Ich sehe etwas,
das ist eigentlich grau!"

Rot

„Das rote Bild ist aber lustig!", sagt Nil. „Gefällt es Dir?", fragt Carlo Colori, „ich habe viele solcher Farbenbilder gemalt. Schaut sie ruhig an. Ich fange inzwischen an zu arbeiten."

Blau

„Hoho“, sagt Nil,
„das Bild steht
ja auf dem Kopf.“
Er holt die Leiter,
damit er es sich
richtig herum
anschauen kann.
„Sind Pinguine
wirklich blau?“
Nele lacht:
„Weißt du das nicht?
Ich schau mal,
was Colori macht.“

Grün

Nil und Nele schauen Colori eine Weile beim Malen zu. Dann fragt Nele: „Wie kannst du etwas Grünes malen, wenn du nur rote, gelbe und blaue Farbe hast?"
„Das ist ganz einfach", sagt Colori. „Rot, Gelb und Blau sind die Grundfarben. Mit ihnen kann ich alle anderen Farben mischen. Und dann gibt es noch Schwarz und Weiß. Damit mache ich Farben dunkler oder heller. Passt auf, ich zeig es euch mal."
Er schüttet etwas Gelb und Blau auf ein Stück Papier. Dann verwischt er die beiden Farben miteinander.
Nele staunt: „Das wird ja grün!"
„Fast wie Zaubern!", sagt Nil.

„Na", fragt Carlo Colori, „wollt ihr es auch mal ausprobieren?" Er gibt ihnen Papier und Farben. Nil und Nele sind begeistert und fangen gleich an. „Schau, Rot und Blau gibt Violett", freut sich Nil. Nele hört nicht zu. Sie ist gespannt, was für eine Farbe auf ihrem Papier entsteht.

Violett

Nil und Nele haben viele Farben zusammengemischt. Jetzt wollen sie schauen, ob Colori auch Bilder in diesen Farben gemalt hat. „Da, der Himmel über der Veilchenmutter ist genauso violett, wie ich es aus Rot und Blau gemischt habe", sagt Nil stolz.

Orange

„Rot und Gelb sind tolle Farben“, sagt Nil, „aber Orange ist meine Lieblingsfarbe und das hier mein Lieblingsbild.“ Er macht die Augen zu und stellt sich vor, er sei der große Astronaut.
„Und jetzt“, lacht Nele, „fang die Apfelsine!“

Braun

„Aus Blau, Gelb und Rot
wird Braun gemischt“,
sagt Nele, „es leuchtet
nicht so, aber es ist
die Farbe der Schokolade.
Schau mal, wie lecker Carlo
den Eisberg gemalt hat.“
„So ein Eis hätte ich jetzt
gerne“, seufzt Nil.

Schwarz

„Schwarz ist eine traurige Farbe", sagt Nele. „Aber das Bild ist lustig." „Es ist spät geworden", sagt Carlo Colori. „Ich denke, ihr müsst nun nach Hause." Er schenkt ihnen Farben, Pinsel und Papier. „Draußen am Himmel seht ihr etwas, das hat alle Farben, die es gibt." Neugierig machen sich Nil und Nele auf den Heimweg.

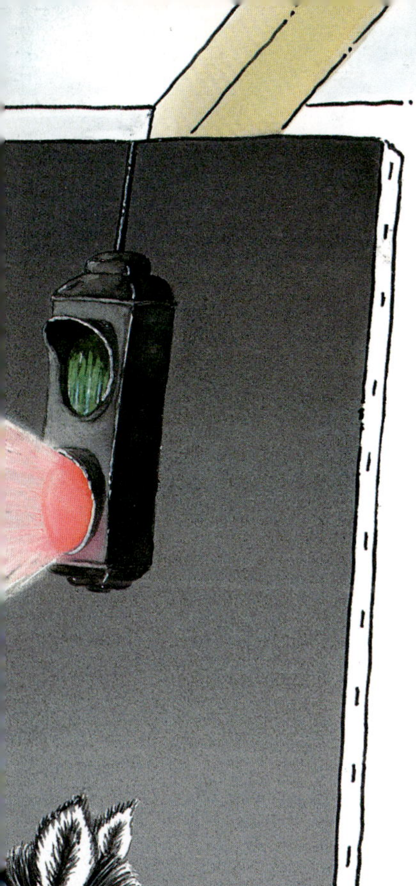